U0106038

好奇水先生 Mr Water

恐龍去哪兒了？

認識恐龍的演化

亞哥斯提諾．特萊尼 圖/文

新雅文化事業有限公司
www.sunya.com.hk

水先生和章魚威威在海上遊玩時，看到沙灘上有兩個人。

「他們在玩什麼遊戲呢？」章魚威威問。

「我也看不懂啊！」水先生答道。

沙灘上的兩個人都是古生物學家，他們正在研究一些埋在沙灘裏的骨頭化石。

「這個看起來像一具體型龐大的恐龍骨頭。」一位古生物學家說。

「我們就一起來復原它的骨架吧！」另一位古生物學家回應說。

什麼是古生物學家嗎?

古生物學家是專門研究古代生物的科學家，他們的主要工作是透過查看化石中的動物殘餘物、植物等來推斷古代生物的結構、形狀、演化和生活環境等細節。

小朋友，你有沒有玩過拼圖呢？看到水先生和古生物學家們試着把骨頭拼到正確的位置，你知道是為了什麼原因嗎？

兩位專家嘗試把骨頭拼砌還原，可是，因為骨頭太多，拼砌起來真的不容易啊！

水先生和章魚威威邊看邊笑。

最後，水先生忍不住要出手了。他很快就把整具骨頭復原了。

「你為何這麼熟練呢?」兩位古生物學家問道。

「很簡單呢！」水先生答道：「我跟恐龍是老朋友，我很熟悉牠們，這是一隻異特龍。」

成功了！
哇！
我的天！
這是什麼骨架呢！
好，完成了！

兩位專家被水先生嚇呆了。

「天啊！你們不用驚訝。」水先生反問：「我活在地球四十多億年了，怎會記不起恐龍呢？你們聽我說說恐龍的故事吧！」

小朋友，你可以從兩位古生物學家身上找出兩人的不同之處嗎？（小貼士：集中看頭部）

朋友們，醒來吧！
他們看起來好像昏昏欲睡。

答案：一個頭上沒頭髮，一個則頭髮蓬鬆；一個戴上眼鏡，一個沒有。

「那時候，地球上一片荒蕪，空中充滿毒氣，天氣極度酷熱。火山不斷爆發，噴發的岩漿像隕石雨般降落地面，地球像個地獄！」

水先生說得太誇張了吧？
好了，故事開始喇！

「之後便開始下雨，我從天空降落下來，雨水下個不停，填滿了川谷，淹沒了平原。最後，太陽先生從雲層裏冒出來，我便不再下雨，那時我亦已變成了海洋。」

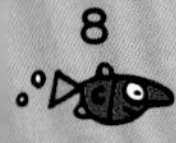

「當時除了我和岩石，地球上什麼也沒有。為了消磨時間，有幾次，我把自己變為了冰川，實在太好笑了，那時地球就像個大冰球。」

是水先生造成的！
這是什麼玩意呢？
冰川！
凍成雪人啊！

知識點

冰川是怎樣形成的？

冰川是指在極地或高山上的嚴寒地區。因多年降雪，令雪量增加，其後積雪積聚成巨大的天然冰塊，冰塊會因重力而沿着地面流動或移動。

小朋友，你在海洋裏找到多少個海洋生物是畫有眼睛的呢？數數看。

「細菌是最早居住在地球上的生物，牠不是好的玩伴……接着便出現了一些藻類和三葉蟲等等，但牠們也是不好玩。」

答案：11個。

「到了約四億年前的志留紀，出現了原始的魚類，其後到了泥盆紀，我和魚類成為了朋友。」

「到了約三億年前的石炭紀，地球上長出了茂密的植物，也長滿了各種奇特的樹木。這時候，有些聰明的動物已懂得在陸地上和海洋裏交替活動。」

「這是兩棲動物啊！」兩位古生物學家喊道。

「爬行動物接着便大舉入侵……」水先生接着說：「牠們當中有一些是懂得飛行的。」

什麼是兩棲動物？

兩棲動物是一種有時在水中生活，有時在陸地生活的水陸兩棲動物。牠們的體溫會隨着外界環境的溫度而變化，而且是「卵生」，即牠們由卵孵化成，用鰓呼吸，其後長出肺部和四肢。此外，牠們的身體表面濕潤，並無鱗片或毛髮覆蓋。兩棲動物的例子包括龜、蛇、蜥蜴、鱷魚等。

水先生感歎道：「不過，不知發生了什甚問題，出現了一場很可怕的大災難，我的朋友們幾乎全都消失了。」

「然後發生了什麼事？」兩位古生物學家驚訝地問道。

「後來，地球又變得生氣勃勃。」水先生回答說：「不過，這亦花上了幾百萬年時間。當第一批恐龍出現後，我很快便喜歡上牠們。」

小朋友，你喜歡恐龍嗎？為什麼？說說看。

當聽到「恐龍」兩個字，兩位古生物學家再也坐不下來，向水先生連珠炮發的發問。

「牠們的樣子怎樣？牠們是怎樣叫的？牠們恐怖嗎？身體臭不臭呢？」

水先生笑着說：「慢慢來，我會把所有事情都告訴你們。」

說呀！
說呀！
快來告訴
我們！
他們很興奮！
冷靜！
冷靜！

「到了大約兩億年前的侏羅紀，出現了巨型的恐龍，當時真的很有趣！恐龍雄霸地球的一億多年時光轉眼便過去，我還清楚記得，當時翼龍在空中飛翔，然後會飛快地撲進水裏捕魚，牠每次都把我撞到！」

究竟雀鳥中的「捕魚能手」在外型上有什麼特徵呢？

答案：「捕魚能手」一般在外型上都有相似的特點，比如擁有又尖又長的嘴巴、嘴內長有鋒利的牙齒、腿部健壯、擅長游泳或潛水等。

小朋友，巨型恐龍除了體型巨大之外，還有什麼特徵呢？說說看。

「提到巨型恐龍，我還記得有一對表兄弟，牠們長得像兩座宏偉的大山，雖然牠們只吃樹葉，但看起來還是頗嚇人的。」

啊嗚，啊嗚，我是腕龍！
哇，很嚇人！
很口渴吧？
咕嚕，咕嚕。

「牠們行走起來，會發出像地震般的巨響；渴水的時候就像抽水機似的；小便的時候就如瀑布般。」

圖中的恐龍，身上大都擁有鮮艷的顏色。小朋友，你可以說出有哪些顏色嗎？

「恐龍有什麼顏色呢？」兩位古生物學家追問道。

水先生想了一會說：「牠們大多是顏色鮮豔奪目，不像你們在書本裏描述的灰灰沉沉，許多恐龍身上還長滿了羽毛呢。」

答案：灰綠色（三角龍）、粉紅色（翼龍）、紅色（霸王龍）、橙色（迅猛龍）、紫色（蛇頸龍）、黃色（滄龍）等。

「恐龍有許多不同形態，大小不一；個性亦各有不同，有的平和、有的凶猛；有的行得慢，有的跑得快；有的會飛翔，有的會游泳；恐龍世界裏充滿鳴叫聲和嘶吼聲。那時候，我每天都活得像開派對般精彩。」

小朋友，聽到恐龍在一夜之間消失無蹤，你有什麼感覺呢？說說看。

說到這裏，兩位古生物學家很想知道恐龍是如何滅絕的。

水先生搖頭歎道：「我只記得那刻有一道刺眼的白光和一聲巨響。或許是一個星球撞到地球上，一切都震動起來。我頓時變成巨大無比的巨浪，洶湧地席捲地球表面，那是一場多麼可怕的大災難！」

「恐龍最終消失得無影無蹤，這大概是6,500萬年前的事了。能生存下來的，就只有一些會飛的動物。」

「隨着時間過去，地球上一切回復平靜，生活重新開始。但是，我可以告訴你們，今天的鳥類就是會飛恐龍最接近的後代。」

天色漸漸變暗，兩位古生物學家十分感謝水先生給他們講了這麼詳盡的故事。然後，他們便帶着異特龍的骨頭化石離開了，他們會把恐龍化石帶到古生物博物館，讓更多人觀賞。

水先生在岸邊停下來，看着他們離開，輕輕揮手跟他們道別。

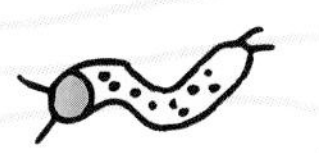

科學小實驗

現在就來造一些恐龍小手作吧！

你會學到許多新奇、有趣的東西，

它們就發生在你的身邊。

恐龍小手作

你需要：

剪刀

間尺

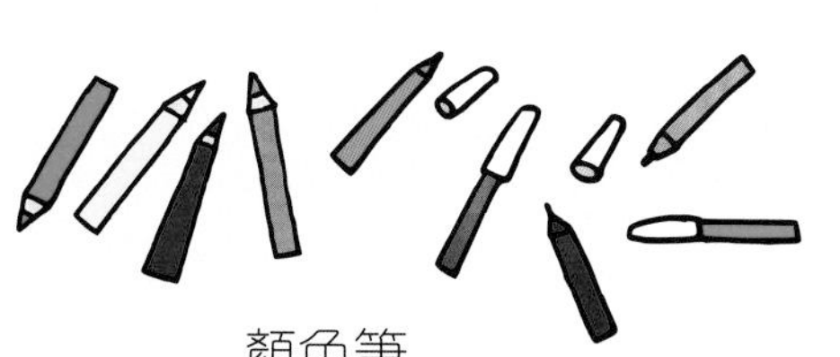
顏色筆

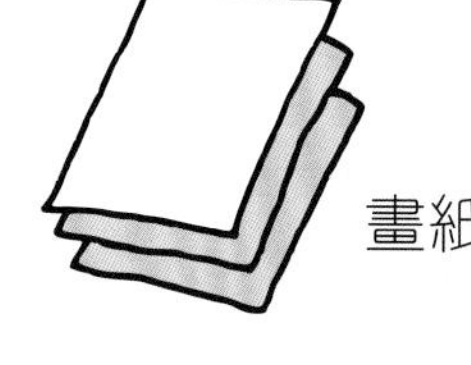
畫紙

難度：

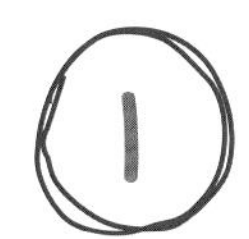

1. 影印後頁（第28、29頁）的恐龍圖案，然後貼在畫紙上。

2. 按你的喜好給恐龍填上顏色，別忘了那圓形底座也要填色。

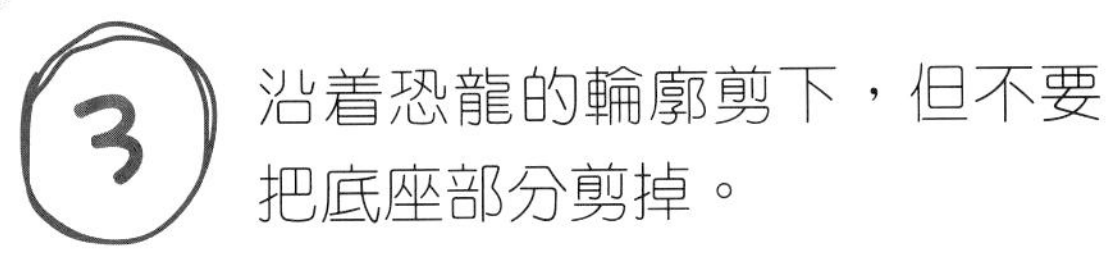

3 沿着恐龍的輪廓剪下，但不要把底座部分剪掉。

4 把底座往下摺，把恐龍往上摺。摺的時候，可以用間尺幫忙。

小朋友，你現在就可以和恐龍一起玩了！

霸王龍

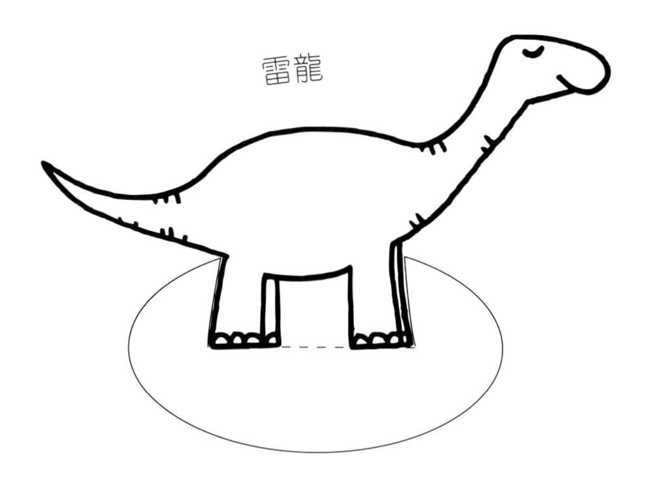
雷龍

還有我！

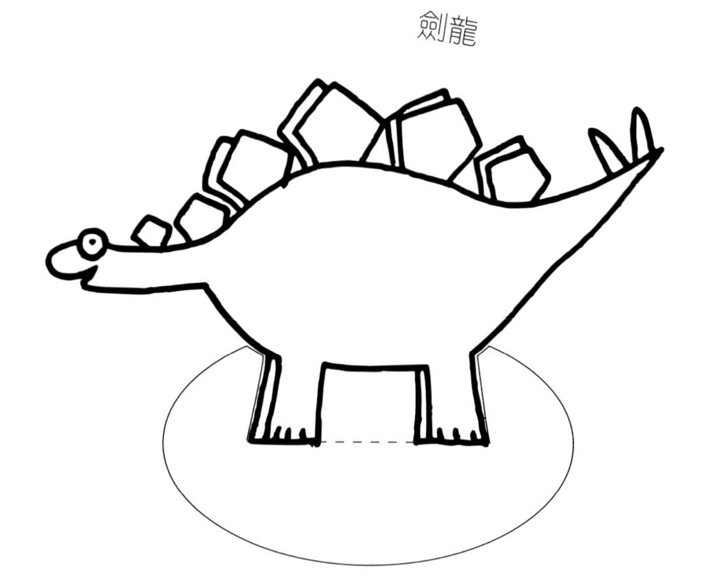
劍龍

三角龍
甲龍
迅猛龍

好奇水先生
恐龍去哪兒了？

圖文：亞哥斯提諾・特萊尼 (Agostino Traini)
譯者：林麗
責任編輯：嚴瓊音
美術設計：許諾琳
出版：新雅文化事業有限公司
香港英皇道499號北角工業大廈18樓
電話：(852) 2138 7998
傳真：(852) 2597 4003
網址：http://www.sunya.com.hk
電郵：marketing@sunya.com.hk
發行： 香港聯合書刊物流有限公司
香港荃灣德士古道220-248號荃灣工業中心16樓
電話：(852) 2150 2100
傳真：(852) 2407 3062
電郵：info@suplogistics.com.hk
印刷：中華商務彩色印刷有限公司
香港新界大埔汀麗路36號
版次： 二〇二三年七月初版

ISBN: 978-962-08-8203-6

Original Title: *Dove sei finito, dinosauro?*
Translation by Mary

18/F, North Point Industrial Building, 499 King’s Road, Hong Kong
Published in Hong Kong SAR, China
Printed in China.